嗷！我是霸王龙

江　泓 著　十月星辰 绘

　　我叫奥斯本，已经快2岁了。我的身长有3米多，体重有2吨多。我最大的梦想就是成为最强的霸王龙，打败其他所有恐龙。

北京科学技术出版社

4 月 3 日

　　妈妈老提起我小时候的样子。她说，我小时候身上是有羽毛的，就像小鸟一样。但随着我不断长大，我的羽毛逐渐掉光了！要是能有张照片就好了！

妈妈经常告诫我，让我一定要注意饮食卫生，要去河边喝流动的水，不要和不熟悉的霸王龙一起吃东西……小心得毛滴虫病。

得了毛滴虫病很可怕，嘴巴和喉咙等处会出现溃疡，不能吃东西，最后会活活被饿死。我的舅舅就因为吃了不干净的肉，得了毛滴虫病死了。每次提起这件事，妈妈都很伤心。

4月6日

　　今天，我听到一个谣言，说我们霸王龙看不到静止的东西。这真是太可笑了！我们可是白垩纪的霸主，视力好得很。如果造谣的家伙敢一动不动地站在我面前，我会毫不犹豫地把他吃掉。

4月9日

今天，我从几千米外就闻到了好闻的肉味。但等我跑到时，肉已经被哥哥吃光了。我运气太差了！

我的嗅觉非常灵敏。在我们霸王龙的大脑里，有一个非常大的嗅球，它能帮助我们准确辨别鼻子捕捉到的味道，且准确度不亚于人类发明的计算机。

等我长得更大些，就跑得比哥哥快了吧！哦，我忘了，哥哥也会继续长大的。唉，看来我是没希望了！

　　妈妈从来不让我跟其他霸王龙玩，她说霸王龙之间没有真正的友谊，只会互相伤害。

　　以前我还不太相信妈妈的话，直到今天我看见一只大个子霸王龙欺负一只小个子霸王龙时，我才开始相信。我要努力变强大，这样才不会受欺负。

4 月 24 日

今天，我在森林边遇到了一只达科塔盗龙，他竟然嘲笑我的胳膊短。

我决定加强锻炼，把胳膊抻长、变粗，可是哥哥制止了我。

哥哥说："别看我们的胳膊不长，但结实有力。在我们捕食时，它们就能起很大作用。要是盲目锻炼伤了筋骨，可就麻烦了。"

我觉得哥哥的话很有道理。再看自己的小胳膊时，我感觉它们格外顺眼。

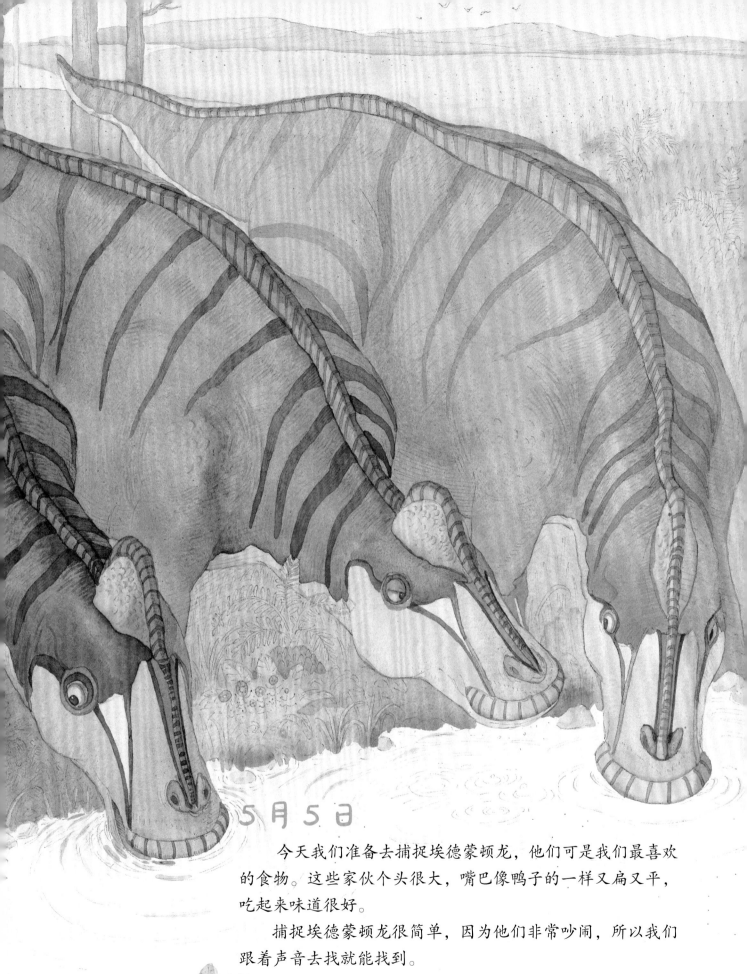

5月5日

  今天我们准备去捕捉埃德蒙顿龙，他们可是我们最喜欢的食物。这些家伙个头很大，嘴巴像鸭子的一样又扁又平，吃起来味道很好。

  捕捉埃德蒙顿龙很简单，因为他们非常吵闹，所以我们跟着声音去找就能找到。

  也许你会说我们很残忍，但为了生存，我们只能这样做。

今天我去河边喝水，看到了一群以前从来没有见过的大恐龙。这些大恐龙长着长长的脖子、粗壮的四肢，脖子足足有十几米长。

外公说，这是阿拉莫龙，远古时代蜥脚类恐龙的后代。在遥远的古代，蜥脚类恐龙种类繁多，但现在只剩下了阿拉莫龙一种了。

我想：总有一天，我也能长这么高吧！

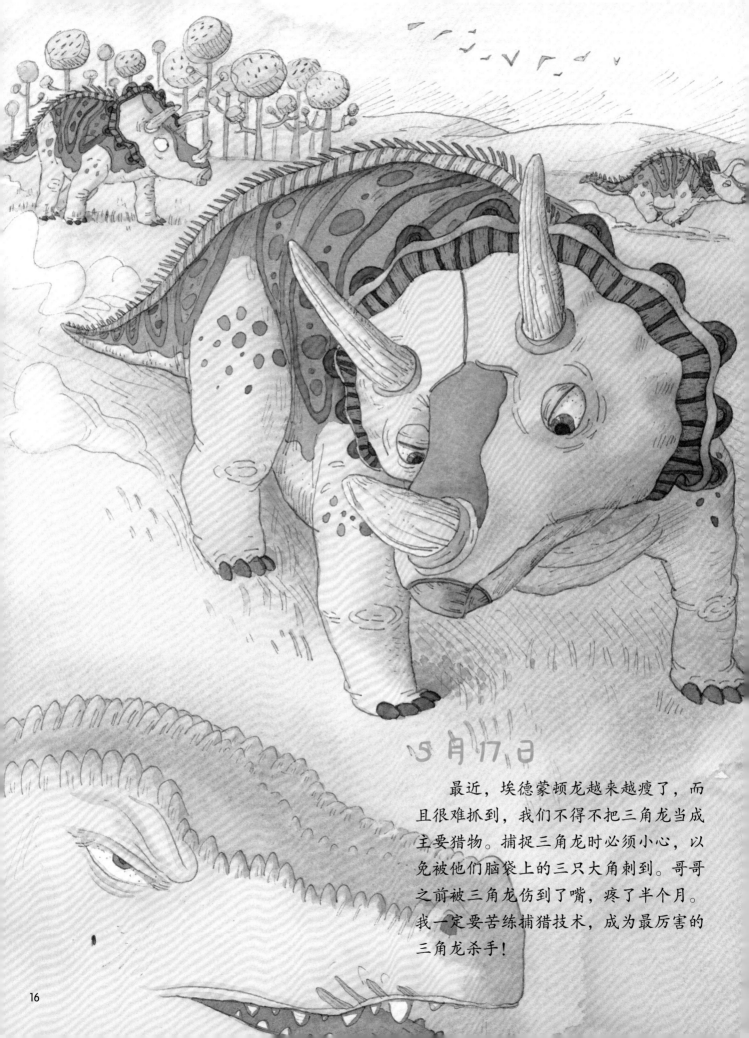

5月17日

　　最近，埃德蒙顿龙越来越瘦了，而且很难抓到，我们不得不把三角龙当成主要猎物。捕捉三角龙时必须小心，以免被他们脑袋上的三只大角刺到。哥哥之前被三角龙伤到了嘴，疼了半个月。我一定要苦练捕猎技术，成为最厉害的三角龙杀手！

5 月 20 日

　　我的牙齿有15厘米长，锋利又粗壮，我为有这样的牙齿而自豪。谁知，今天我吃东西的时候，牙齿居然被硌掉了。

哇！

　　啊！没有牙齿的霸王龙也太可笑了！但妈妈让我不要烦恼，她说很快我就会长出新的牙齿。

6月1日

今天我出去玩，一群大家伙忽然从我头顶飞了过去，原来是风神翼龙。

风神翼龙是一种会飞的爬行动物，他们个子非常大，站直了足足有五六米高呢！听外公说，我们和风神翼龙是远亲，但是我们没有任何相似之处啊！不过，我倒希望可以拥有他们那样的翅膀。

6月6日

我今天第二次见到了甲龙。由于活动区域不同，我平时很少看到甲龙的踪迹。这种恐龙是我见过的最奇特的恐龙。他们的背上长满了骨板，形成了防御性极强的"盔甲"。

　　我刚过周岁时，曾遇到过一只甲龙。当时，我被他尾锤上的花纹迷惑了，差点儿吃了他一锤。现在，我虽然强壮了很多，但还是不会去攻击甲龙。倒不是因为怕他们，而是因为吃一只甲龙太费劲儿了，还没有多少肉。

6 月 12 日

　　小时候，我跑得非常快，能够追上似鸵龙等善于奔跑的恐龙。
但随着年龄的增长，我的身体越来越壮硕，体重也不断增加，
捕猎时我只能快跑几步，没法像以前那样长距离快跑了。

现在，威武霸气的我很怀念小时候健步如飞的日子，但我也喜欢现在的生活。

6 月 19 日

　　在灌木丛里生活着一群肿头龙。他们天生就有"铁头功"，脑袋上的骨头又厚又硬。小时候，我曾经被肿头龙撞过一次，肋骨被撞断了两根，现在回想起来还觉得疼呢！

今天我遇到一只落单的小肿头龙。报仇的机会来了！我能
轻易打倒他，然后吃掉他！可是他实在太小了，还一直喊妈妈，
我不忍心下手，就让他走了。

6 月 25 日

妈妈的肚子越来越大，原来妈妈要生小宝宝啦！这几天我和哥哥每天都会出去找些细长的树枝和干树叶，妈妈可以用它们做一个温暖的大巢，让弟弟妹妹们一出生就拥有温暖的家。

外公告诉我，虽然妈妈在捕猎时异常凶猛，但她是一位负责任的好妈妈。当我和哥哥还在蛋里的时候，她就已经开始守护我们啦！

7 月 28 日

今天是我离开妈妈的日子，因为我已经成年了，要出去闯一闯了！
未来怎么样我不能确定，但是我一定会努力成为最强的霸王龙。

霸王龙

霸王龙生活在恐龙时代的晚期，是最著名的肉食性恐龙，可以说是恐龙王朝的"末代皇帝"。

霸王龙名气非常大，简直是无人不知，无人不晓，很早之前就在日本电视剧《恐龙特急克塞号》里出现过。

霸王龙不仅个头大，而且有极强的咬合力、敏锐的嗅觉、良好的视觉，以及巨型肉食性恐龙中最聪明的脑瓜，无愧于"最强肉食性恐龙"这一称号。

霸王龙的化石都发现于北美洲，主要是美国和加拿大。霸王龙是巨型肉食性恐龙中化石最多、最完整的恐龙，著名的"苏"的骨架完整度达到了惊人的90%！

中国没有霸王龙，但是有霸王龙的亲戚，比如诸城暴龙和特暴龙，它们是白垩纪时期亚洲的顶级杀手！

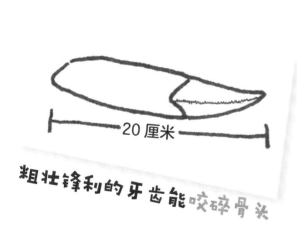

20 厘米

粗壮锋利的牙齿能咬碎骨头

"小短手"
到底有什么用？
直到现在也没人能
真正说清

拥有立体视觉，
瞪谁谁害怕

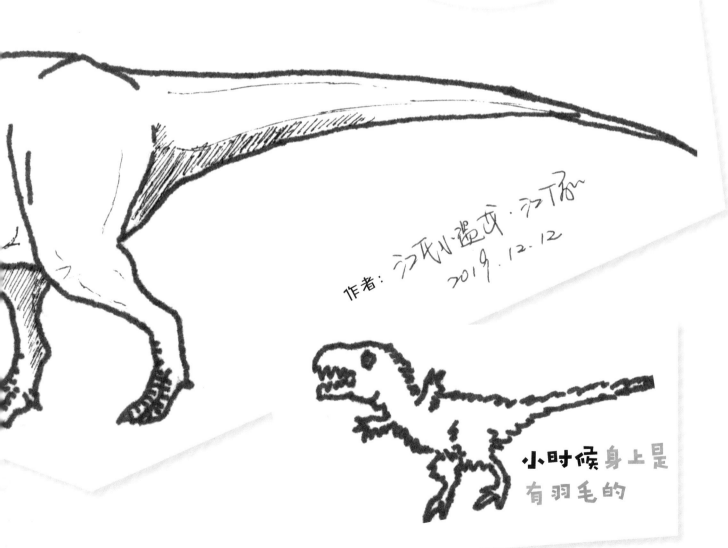

作者：沙瓦小巡龙·沙丁龙~
2019.12.12

小时候身上是
有羽毛的

将此书献给我的光与小天使：李泽慧、江雨橦

——江泓

"我们在成长中变强大！"

奥斯本和哥哥
2月6日

图书在版编目（CIP）数据

嗷！我是霸王龙 / 江泓著；十月星辰绘 . —北京：北京科学技术出版社，2022.3
ISBN 978-7-5714-1767-3

Ⅰ. ①嗷… Ⅱ. ①江… ②十… Ⅲ. ①恐龙－少儿读物 Ⅳ. ① Q915.864-49

中国版本图书馆 CIP 数据核字（2021）第 171262 号

策划编辑：代　冉　张元耀	电　　话：0086-10-66135495（总编室）
责任编辑：金可砺	0086-10-66113227（发行部）
营销编辑：王　喆　李尧涵	网　　址：www.bkydw.cn
图文制作：沈学成	印　　刷：北京盛通印刷股份有限公司
责任印制：李　茗	开　　本：889 mm×1194 mm　1/16
出 版 人：曾庆宇	字　　数：28 千字
出版发行：北京科学技术出版社	印　　张：2.25
社　　址：北京西直门南大街 16 号	版　　次：2022 年 3 月第 1 版
邮政编码：100035	印　　次：2022 年 3 月第 1 次印刷
ISBN 978-7-5714-1767-3	

定　　价：45.00 元